Black Mountain Mfg.

10495285

Employee Handbook

(And Other Shit You Should Know)

Written By: Rob Friedl

Text Copy write, 2019 by Rob Friedl

All rights reserved.
No part of this publication may be reproduced in any form, without written permission from the author.

Welcome to the team!

    If you've been given this to own, you've either proven yourself as very capable, very promising, or really good at lying. ~~Lieing~~. ~~Lying~~. Lie-ing? Fuck it- you get the idea. Either way, you're about to prove yourself, and for the sake of your wallet and reputation, you better not have been bullshitting anyone on the interview. You can cheat on an exam, and even a piss-test, but nobody's gonna look past shitty work or a shitty attitude.

    That said, if you are what you said you are, you've now got a great shot at making sweet money, getting laid every night by your hot wife, and being the hero of little kids all over the planet.

Introduction

In the very low chance that you were not bedazzled by the brilliance of our two founders while interviewing, it might help you learn a little backstory to the place you're about to call "Work." This shop might seem "yuuge" now, but back in the day, when men made fire and women knew how to use a skillet, Black Mountain Mfg. was nothing more than two heroically hard-working chimpanzees, related by little more than a gorgeous woman named Crystal, and a dangerous love for making shit. Metal shit, that is- not actual shit. Though at times, they're better at the second one.

Before we go any further, you must meet these chimps. Their names are...

Jon-Sack.

You see, we can't list one before the other- they are that intent about the absolute equality of status between each other, that neither can go first in anything. Even this two-halves name is a halfway blaspheming of their rabid assurance that neither one's penis is any larger than the other's. Which, in a way is commendable. But at the end of the day, we all know who's got the final word...

This is Isaac Houchens.

Probably in his most natural state.

You would never guess that this guy has rebuilt just about every kind of technical device known to man, save for perhaps the fusion reactor of a nuclear submarine. Word on the street is, Elon Musk has Isaac on speed-dial, just in case he needs one of his fancy space ships rescued from a flame-out on re-entry.

Isaac also learned how to weld within thirty seconds of looking at a Lincoln, and grinds metal with the scruff of his beard.

This is Jonathon Friedl. Who knows what the fuck he's doing here.

Between pirate-parasailing, riding motorcycles, and trying to hitch-hike his way into a 2010-era Iraq, he's given fate more than her fair chance to kill him in a hundred different ways.

Fate, it would seem, is asleep at the wheel.

It was in John's garage that Black Mountain Mfg. was born and raised from a museum collection of dilapidated machines into what it is today.

Dissatisfied with pre-med, and never accepted by the fancy doctor-types, John filled his waking hours rebuilding and programming CNC mills in his garage while drinking beer and entertaining his baby daughter.

Fast-forward a couple years, and you have...

...John and Isaac coming out of the closet for each other. Or so it looks like here.

But no, this is the day where things really began to get off the ground for these two, and within months of purchasing their first not-absolute-piece-of-shit machine, they began to fabricate things for something more than just shits and giggles.

Not long after that, they hired their first employee, and through a LOT of stick-to-itness and thinking on their feet, they were, with some significant help, able to bring you what you see today.

So though they might seem like a pair of weird, dick-headed jackasses... well, they objectively are that. But just keep in mind that they are also badass workers and savvy businessmen

Nowadays

You might say that things have come a long way. Take a look around, and imagine what it took to get where we are today. It took work, vision, perseverance, and LOTS OF MONEY. All this fancy machinery you see, plus the energy to power it, the morons to operate it, and the materials to fill it with, do not happen without a secret little ingredient that every company hunts after like an addict after his next hit: CUSTOMERS.

For this reason, like any company interested in not dying, Black Mountain Mfg. is in the business of finding customers and keeping them happier than any other manufacturing shop could ever hope to do.

The way that we do that, is by equipping our customers better than anyone else. There's a saying from somewhere that says something like, "During a gold-rush, be the guy selling shovels." And that's what Black Mountain Mfg, does- we sell the best friggin shovels on the market, and as a result, our customers are the best performers in their own industries. We succeed because our customers succeed.

"How does this happen?" you might be inclined to ask. Easy: like a well-oiled machine…

…that sometimes needs to be serviced and requires a lot of up-keep.

The Machine

First off, let's get one thing straight. You are not here because you wanted some rand-o collection of filthy strangers to adopt you into their little "family." Black Mountain is not a failing department store full of listless thirty-year-olds-who-still-live-with-their-moms and who don't know how to define themselves apart from their 9-5.

Black Mountain Mfg. is a group of highly capable professionals who have "developed a very specific set of skills," and use those skills with unmatched effort in order to build the industrial world of the US of America.

In short- you are here as a professional, not a social welfare case.

So it is as a professional that you are now welcomed. We look forward towards a mutual success.

Having said that, the first step of any functional relationship, is to establish expectations. You and us have a lot of responsibility towards each other now, and in order to make sure that we both hold up our ends of the deal, we need to know what those ends are.

So let's get to it.

Our Expectations

You will show up for work.

Every work day.

If you don't you better be calling your supervisor immediately. And you better have a damned good reason, cause everyone else is going to have to do your work now.

1. If you're out for more than two days in a row or three days in any one week, you need help, so go see a doctor and then have them write you a note

2. As always, the Family Medical Leave Act is in effect.

On time.

Work starts at 7. The morning meeting at this time is where people get their work assignments for the day, any updates, and any special concerns. If you miss out on that, you'll be handicapping your operations, and other people will have to pick up your slack.

If some crazy shit happens, like you hit a deer on the way in or get innocently caught up in the middle of a car-chase shoot-out between the cops and a Mexican drug cartel, you better find some time between dodging bullets in order to call your supervisor and let them know. If you end up in the local newspaper with a picture of the mayor giving you a key to the city for saving the day, you can be late calling in. But you still better get your ass to work afterwards.

Be ready to work. This means that you will arrive:

Wearing clothes. PLEASE. If you're ugly, you'll make us sick, and if you're hot, you'll make us feel bad about our own lopsided, flabby asses. But seriously, have your safety-toe boots on, long pants, Fire-Resistant (FR) clothing if you need it, etc…

Rested. We don't care if 'The Bachelor' marathon was on last night. If you're dragging ass all day and your coworkers find out it was for some piddly shit like that, you're gonna wish you had a better story.

Not sick. If you come down with something, keep it the hell away from the rest of us.

Not hung-over. This is not school, and no one is required to share the consequences of your piss-poor judgement. This shit will get you fired.

And if you can't meet the above, here's what happens:
  i. **First written notice.** And your coworkers will wonder what's up.
  ii. **Second written notice.** And you'll be building a reputation you don't want.
  iii. **Third written notice, in the form of termination.**
    1. "This is Spartaaaaa!"
    2. But seriously, get the fuck out.

An exception to the above rule is a no-call, no-show.

> iv. In the event of this, you might be coming back to pick up your last paycheck.

You will do QUALITY work.

Remember what makes the job you have: customers.

And if you think our Quality Control (QC) inspectors are picky, put yourself in the shoes of a customer. At Black Mountain Mfg, you will be making very expensive stuff, and no one wants to pay you for junk. How would you feel if you just shucked over thousands of dollars for a new car, and the thing threw a rod two miles down the road?

> **Long story short- it pays to have quality**. If you have quality, you will have customers, and if you have customers, there will be a job for you to have.
>
> You are an irreplaceable part of our quality assurance program.
>
> **Imagine Smokey-Bear for a second**. "Remember. Only YOU can prevent shitty quality." Or something like that. Point is, you will be the only one who sees everything you do.
>
> **This is a production facility**. If you do everything right, no one will say anything. Again, as a professional: top-notch, amaze-a-fucking production is what your customer expects of you, and meeting that expectation is what gives them

respect for your work. But since that's what they're paying for, it's no big deal.

It's when you fuck something up, that people will notice. And when they do, BOY, will they not like it. And neither will we, since we as a company will be having to pay to fix your fuck-up. Which is an important point, as it means that it is necessary for us to respond to such quality concerns.

Failure to meet specified quality standards of production is grounds for discipline, up to and including termination. Obviously, each case is unique and must be met and engaged with appropriate discernment, but at some point there IS a limit to how much rework that Black Mountain Mfg. will be willing to pay for.

So do not pass quality off as someone else's responsibility. It might be the QC's job to find your mistakes, but it's your job to not make mistakes. So do yourself a favor, and quality-check your work.

If you have a question at any point about anything, ask your supervisor.

Work is what you will be doing.

       a. Not jaw-jacking.
       b. Not jacking off.
       c. Not jacking up... your truck?
       d. Okay, that's it.

Point is, we are paying you for a reason.

And that reason is work.

Not to talk to your boyfriend over the phone or giggle at meme's about Alexandria Ocasio-Cortez- regardless of how hilarious those things are. Unless a guy has just given his life for his country, no one likes to drag somebody else's ass around like dead weight.

In an ideal world, it would not be necessary for us to even say this, but reality being what it is, it must be understood that there will be consequences for your failing to do what you are being paid to do. Those consequences will be the following:

First written notice.
    And rest assured, if it gets to the point where you're getting written up for failing to work, your respect from your coworkers is all but gone.

Second written notice in the form of a termination.
    That's it. We don't have time for such bullshit. Go try your luck flipping burgers.

But what are we saying?! You're a professional, and you know better than to slack off, and *we* know that you know. But like we said earlier, since the world has dumbasses and lawyers, we have to write this shit out in black and white.

And honestly, we expect to enjoy having you on the team.

Like we said earlier, you are here as a capable professional. All of us will be continuing to learn more and develop our skills, but as it stands right now, you've proven yourself capable in one way or another.

So we're glad to have you here.
> Whatever that badass shit was that you did to impress us, we liked it and want to see more of it.

We hope you enjoy working for us.
> Busting ass is hard, but with a good team, it's rewarding as hell.

Of course, we also expect to pay you.

But not what you are worth.

Your worth is priceless.
> If we could afford that, you'd have your own private helicopter-ride to the shop and a personal band to follow

you around, playing *Eye of the Tiger* wherever you went. But we can't afford all that shit for ourselves even, so it's not about what you're worth, it's about what we can afford to pay you.

And the better your work is, the more we can afford to pay you.

Money will only have a place to go, if it's there to begin with.

...And unlike the bulging seams of your mom's yoga pants, there will be room for growth.

We will help you train

Because again- the more you can do, the more we can afford to pay you.

...With free shop-time after work.

If you want to practice your trade or skill, it is in our best interest to help you do that, so help yourself.

...With cross-training on work stations.

As able, of course. But if you want to learn how to run a different station or machine, by all means, we will try to hook you up with some apprenticing.

...With added responsibility.

Say you get hired on because you're a badass welder with a golden arm, but that's about all you can fucking do, because you've forgotten what it's like to not have a helper. But you buckle down and learn how to read prints, adjust to design flaws, and make sure your team has what they need while also not being an insufferable dick. WELL. Then you, good friend, are on your way to becoming a lead- and when the need for new one arises, your name will be on the radar.

And that you will communicate

Look. What we don't want, is a poorly-acted recreation of a Spanish TV-novella scene.

Please. If you need something, say something.
>We cannot read your mind.

This goes for everything work-related.
>Including hazard-recognition and incident reporting.
>
>Another point to be made, is that you might actually have an idea that could help us improve. So by all means, bring it to us! We only ask that you respect your chain of command, and realize that there does exist the possibility that you will be fully understood by your listener, but not find agreement. Our communication policy is as follows:

We guarantee you that we will not always agree with you, but we also guarantee you that we WILL always LISTEN to you.
>If your supervisor won't listen to you, you are then authorized to go to the next link up in the chain of command.
>
>In conclusion, this cannot be stated enough:

Tell us what you need.

And just as important, as it is with any functional relationship, please:

Allow us to respond, and listen to what we have to say.
This is important, because again, we guarantee you that you will not always agree with us, but that is not the same thing as us not having a reason. Then again, sometimes you will agree, and the whole world will just feel right.

Isn't this just great? It's like we're best friends already. Now let's pinky-swear about something and go have a tea party.

Summary

Anyhow, that's a look at this relationship from our perspective. Now let's take a look at where you're coming from, and what you can expect from us.

Your Expectations

Similarities

You should expect to see some similarities between your expectations and ours. If not, that's not a good sign.

You will have a safe place to work

Abso-fuckin-lutely yes. We will do everything in our power to make sure that you go home every night in one, healthy piece. This effort, of course, is going to be a team effort between ourselves, yourself, and your coworkers. In terms of our contributions, here are some of the primary things:

Emergency Action Plan (EAP): Because there are an infinite number of possible incidents, we cannot plan for everything. That said, here are a few of the more likely scenarios:

    Traumatic injury:
        Step1: Make sure the scene is safe. Don't add another casualty to the situation- it won't help anyone.

        Step 2: A person will be assigned to call 9-1-1, and will go to the entrance of the site to guide the ambulance in.

Step 3: While this is happening, those trained in first response will administer what aid they are capable of delivering. A first-aid station will be located in each building.

Step 4: The injured person's emergency contact will be immediately notified, and a company representative will go to the hospital to meet the injured person's family.

Note: If the injured person is unresponsive, a company representative will reference the employee's records to provide Emergency Medical Services (EMS) with as much pertinent medical information as possible, in order to ensure proper life-saving care.

Medical event:
Much the same as traumatic, but hopefully without the blood and gore. Coworkers should expect to be questioned by EMS about the injured person's most recent medical behavior.

Functional Facilities

Lights, Doors, Bathrooms, etc..
If any of these things fail to operate, notify your supervisor, and we will get on it.

Emergency escape routes
Doorways will be free and clear of debris

Fire Extinguishers
> For rapid-response of small, emerging flames- not for continuous fire suppression efforts.

Operational Conditions
> Air quality and temperature (indoors)

By way of insulation, heating, ventilation fans, and air quality monitors.

> Dry
> **We are metal-workers.** If we can't keep our metal buildings in repair, we have serious issues.

> Well-lit
> **Bright lights.**

> Comfort, as able.
> **Yes, this is hard work, but needless discomfort is a waste.** If you need a chair, a fan, or some such tool to help you do your job better, we will equip you with what we can.

That said, there are some things that are just a part of the job (like loud noises), in which case, we will do what we can. Which brings us to the next section:

Risk Mitigation.
> Here's the fact: if you are a living, breathing, human-being, you cannot escape risk. You could be eating dinner, "safe" in a nice restaurant, and there would still be the risk of the place burning down or getting hit by a crashing cargo plane. And if you don't believe that last one, just ask the survivors of the Evansville 1992 C-130 accident that claimed the lives

of 16 people, including two kids having a meal at a diner that happened to be near the airport.

Risk is everywhere.
But obviously, some things are more risky than others, and just as riding a motorcycle is more risky than walking, metal fabrication is inherently more risky than running a cash register (unless you live in Detroit). So the question is, what do we do about that?

Think before you act.
Yes, there is danger in everything, but even something as simple as driving your car can get you killed, if you're foolish enough to be very unsafe in *how* you drive, by deciding to text and drive. In much the same way, something as dangerous as sky-diving can be approached with good risk management, by doing something like having a plan and a reserve parachute. So here's what it boils down to:

There is a safe way to do a dangerous thing:
      a. Have a plan
      b. Have training
      c. Have the right equipment
      d. Have a back-up plan

That's called Risk-Mitigation, and it will save your life.
And here at Black Mountain Mfg, we commit to managing risk in order to provide you with a safe work environment.

If you feel at any point that you are being asked to do an unsafe thing, *say something* and we will get you what you need, whether it be equipment or anything else.

At all times, we all have stop-work authority.
If you spot an immanent hazard that threatens anyone's life or limb, speak up. Production can resume when we know it's not going to cost a life.

In order for this stop-work to be effective, it is important that it's authority is not abused.

And it is for all of those reasons, that at least every week, we will have a safety meeting.
This will be an opportunity for you to not only voice any concerns you might have about safe operations, but also for you to hear what's going on with other workers and other departments.

You will have the proper tools to do your job

Functional tools.
You will not be asked to deburr rough material with a dish sponge, or cut ¼" sheet metal with a hack-saw.

Safe tools.
You will not be given damaged tools or tools without guards. And if that ends up happening to your tool while it is in use, then bring it to your supervisor for a repair or replacement.

Efficient tools.
>If there's a better tool out there somewhere to help you do your job better, let us know and we'll look into getting it.

You will have the proper training to do your job

You will not be asked to do something for which you are not trained.
>If you are, notify your supervisor.
>
>If they don't listen, go to the person above them.

Each station within the shop is considered a training-required qualification.
>For a complete list of these shop stations and their associated training, see the employee training log of this manual.

You will be invested in by us

With training opportunities.
>As earlier discussed, you will have ample opportunity to hone your skills and develop new ones.

With added responsibilities.

The more you prove that you can do, the more we will be letting you do.

You will be properly compensated

With a paycheck.
As earlier discussed, this paycheck will be commensurate to the agreed-upon rate at which we can afford to employ you.

With an option for health insurance.
More details on this will be found in your employee health benefits folder.

With consideration for sick days.
As stated earlier, the Family Medical Leave Act is always in effect.

With vacation. Un-paid, as-requested and as-able.

We will tell you if you are not meeting expectations.
Sometimes informally, sometimes in writing. The second one, you will want to stay away from, but the first will happen at least twice in your first year, and once every year after that.

30-Day Review.
This will be a formal sit-down with your supervisor and the person above them. During this time, you will be reacquainted with expectations and you and

your supervisor will have a chance to go over how to best address any concerns.

90-Day Review.
Same-same as above.

We will listen to your concerns.
Morning meetings are a great place to speak up, but feel free to approach your supervisor at any time.

And that's about it, so...

Welcome to the team!

Now get to fucking WORK.

Employee Training Log

Job/Task	Instructor	Date Trained/Tested
Sheet Metal		
Overhead Crane		
Load-Rigging		
Sheet Metal Rack		
Laser Tray Loading		
Laser Operator		
Waterjet Loading		
Waterjet Operator		
Deburring		
Tapping Arm		
Laser Technician		
Waterjet Technician		
Press-Break Operator		
Fabrication / Pipe		
Stainless Steel Helper		
Stainless Steel Fabrication		
Carbon Bay Helper		
Carbon Bay Fabrication		
Welder, MIG		
Welder, TIG		
Vehicles		
Telehandler Operator		
Boom Crane Operator		
Forklift Operator		
Delivery Truck & Trailer		
Machining		
Machinist (Lathe)		
Machinist (Mill)		

www.ingramcontent.com/pod-product-compliance
Lightning Source LLC
Chambersburg PA
CBHW040349220526
45473CB00009B/2824

> Fußschmerzen adé!
> # So halten Sie Ihre Füße gesund und fit
>
> Silke Kerst

Inhaltsverzeichnis

1.	Einleitung	Seite 03
2.	Fußgesundheit: Ihre Füße tragen Sie ein Leben lang	Seite 03
3.	Bewegung ist im Kommen - Gymnastik für die Füße	Seite 05
4.	Der Stein des Anstoßes - Fuß und Fußkalter	Seite 09
5.	Zeigt her eure Füße	Seite 11
6.	Gepflegt von Kopf bis Fuß	Seite 14
	Beautygeheimnis Bimssteinpflege	Seite 15
	Tipps bei unangenehmem Fußgeruch	Seite 16
7.	Erste Hilfe aus der Natur	Seite 18
8.	Der Diabetische Fuß	Seite 23
9.	So weit die Füße tragen - Barfußlaufen im Eigenexperiment	Seite 25
10.	Hätten Sie's gewusst? - Barfüßige Promis	Seite 32
11.	Schlusswort	Seite 34

Einleitung

Sie tragen das Gewicht unseres gesamten Körpers auf drei Punkten, enthalten ein Viertel der Knochen des menschlichen Körpers und befinden sich am untersten Ende des Selben. Tag für Tag leisten sie Schwerstarbeit - ohne sie geht sprichwörtlich gar nichts. Wir besitzen nur ein Paar, doch gibt es keinen Körperteil, der so stiefmütterlich behandelt wird, wie unsere Füße.

Fußgesundheit: Ihre Füße tragen Sie ein Leben lang

Von Kleinkindbeinen an werden sie in - zumeist kunstledernen - Gefängnissen eingezwängt, bar jeglichen direkten Kontaktes mit dem Boden; jedenfalls für die meiste Zeit des Tages. Dabei wäre direkter Bodenkontakt gerade für die sich noch entwickelnde Fußmuskulatur des kleinen Kindes von erheblichem Vorteil, da sie sich barfuß weitaus eher kräftigt, als in unnatürlichem Schuhwerk.

So ist es nicht verwunderlich, dass immer mehr "Zivilisationskrankheiten" entstehen; laufen am Fuß doch alle Organmeridiane des Körpers zusammen, um für einen geübten Reflexzonenmasseur eine Landkarte des Körpers zu bilden. Von der Wirbelsäule bis zur Nebenhöhle ist alles vorhanden. Mit ihr ist es in 6 - 12 Sitzungen möglich, über die Füße Gon- und Coxarthrosen sowie Beckenschiefstand und Haltungsschäden zu korrigieren. Deshalb ist es nicht verwunderlich, dass sie in vielen Kliniken und Rehazentren zur begleitenden Therapie gehört, um die Funktionsabläufe von Niere, Darm, Wirbelsäule und Lymphsystem zu unterstützen. In der Kinderheilkunde (Pädiatrie) wird die Reflexzonentherapie am Fuß gern angewandt, da die kleinen Patienten weniger voreingenommen sind als die Erwachsenen und auch sehr schnelle Heilerfolge erzielt werden. Spricht die Indikation dafür, kann bei einer Geburt die Hebamme der Gebärenden damit den anstrengenden Geburtsvorgang erleichtern und auch in der Altenpflege findet diese Art der Behandlung mittlerweile vermehrt Anwendung.

Fast alle Menschen kommen mit gesunden Füssen zur Welt, doch bereits in den ersten Jahren nach dem Krabbelalter entstehen die ersten Deformierungen des noch zarten Fußes.

Was in der Antike als selbstverständlich galt - nämlich der Kontakt des nackten Fußes mit dem Boden - wird heute als "seltsam" angesehen, zum Beispiel wenn ein Spaziergänger beim Barfußlaufen angetroffen wird. Dabei pries schon Pfarrer Sebastian Kneipp das Gehen ohne Fußbekleidung als wirksames Mittel zur Kräftigung der Fußmuskulatur und zur Stärkung des Immunsystems an.

Noch heute laufen die Menschen im Orient und in Afrika zumeist ohne Schuhe, daher sind Fußleiden wie wir sie kennen dort ziemlich selten. Eine kräftige Fußmuskulatur hat auch den Vorteil, dass der venöse Blutfluss - also der Blutfluss zum Herzen hin - verbessert wird, da durch die Betätigung aller Fußmuskeln auch die Wadenmuskulatur, die als verlängerte Fußmuskulatur betrachtet wird, das Versacken des Blutes in den Beinen vermindert. Somit ist auch weniger die Grundlage für Venenerkrankungen in den Beinen gegeben, da durch die Muskelarbeit das Blut wieder besser zum Herzen hin transportiert werden kann. In den Venen befinden sich schließlich die sogenannten Venenklappen. Diese bindegewebigen Falten sind vor allem in den Venen zahlreich, wo gegen die Schwerkraft gearbeitet werden muss; also vor allem in den Beinarterien zum Beispiel. Sie arbeiten nach dem Prinzip eines Rückschlagventils, d. h. während der Ruhephasen der Skelettmuskulatur, die durch die Bewegung in den Venen für den Blutfluss zum Herzen hin verantwortlich ist, verhindern sie einen Rückfluss, öffnen sich in Herzrichtung und transportieren so das Blut weiter.

Je besser die Muskulatur um die Venen herum trainiert ist, desto besser ist der Rückfluss zum Herzen hin; ist das nicht der Fall, "versackt" das Blut in den tieferliegenden Venen und durch den hohen Druck verlieren die Venenklappen ihre Fähigkeit, einen Blutrückstau zu verhindern; eine Veneninsuffizienz ist die Folge.

> *Wenn einem das so durch den Kopf geht, ist es schon ganz schön viel, was außer Acht gelassen wird, wenn es um das Thema Füße geht, oder?*

Allerdings kommt auch der Bewegungsfaulste nicht drumherum, etwas Gymnastik zu machen, wenn er auf seine Gesundheit Wert legt. Schon ein wenig Fußgymnastik jeden Tag hilft, die Fußmuskulatur zu kräftigen und auch das Wohlbefinden des ganzen Körpers zu steigern.

Bewegung ist im Kommen - Gymnastik für die Füße

Für alle jene, die ihre Füße mit zu engen Schuhen im Kindesalter, zu kleinen Schuhen im Teenageralter, zu hohen Schuhen in jedem Alter, sowie mit langem Stehen und Sitzen in Berufsjahren malträtieren (von dem Turnschuhgefängnis in der Freizeit ganz zu schweigen) gilt: so sportlich der Mensch ist, es kann sich niemand als durchtrainiert bezeichnen, wenn die Fußmuskeln schlaff sind.

1. Übung für die Balance:

Stellen Sie sich an einen Ort, an dem Sie sich an einem festen Gegenstand festhalten können. Ein zusammengerolltes Handtuch dient als Trainingsgerät und kommt unter den Füssen zum Liegen.

Nun das linke Bein nach hinten anheben und den rechten Fuß gewichtsverlagernd zuerst mit den Fußballen, dann dem Fußgewölbe und zum Schluss mit der Ferse über das Handtuch rollen. Durch Gewichtsverlagerung auf Innen- und Außenkanten werden auch die Gelenke geschmeidiger, was dazu führt, dass diese nicht zu schnell verschleißen. Diese Übung wechselseitig etwa 12 Mal ausführen.

2. Dehnübungen:

Nehmen Sie wieder die Handtuchrolle von eben; draufsetzen, die Beine locker ausstrecken. Jetzt fünfzehn Mal die Füße nach vorne dehnen, aber achten Sie dabei darauf, dass Sie weder den Fuß überstrecken, noch "Rollzehen" machen.

Eine nette Alternative ist das abwechselnde Dehnen von rechts und links oder nach vorne und hinten. Mit kleinen lustigen Fingerpuppen auf den Zehen bringen Sie sogar quengelnde Kleinkinder dazu, Mamas Fußgymnastik toll zu finden (nicht beim Kind, bei sich).

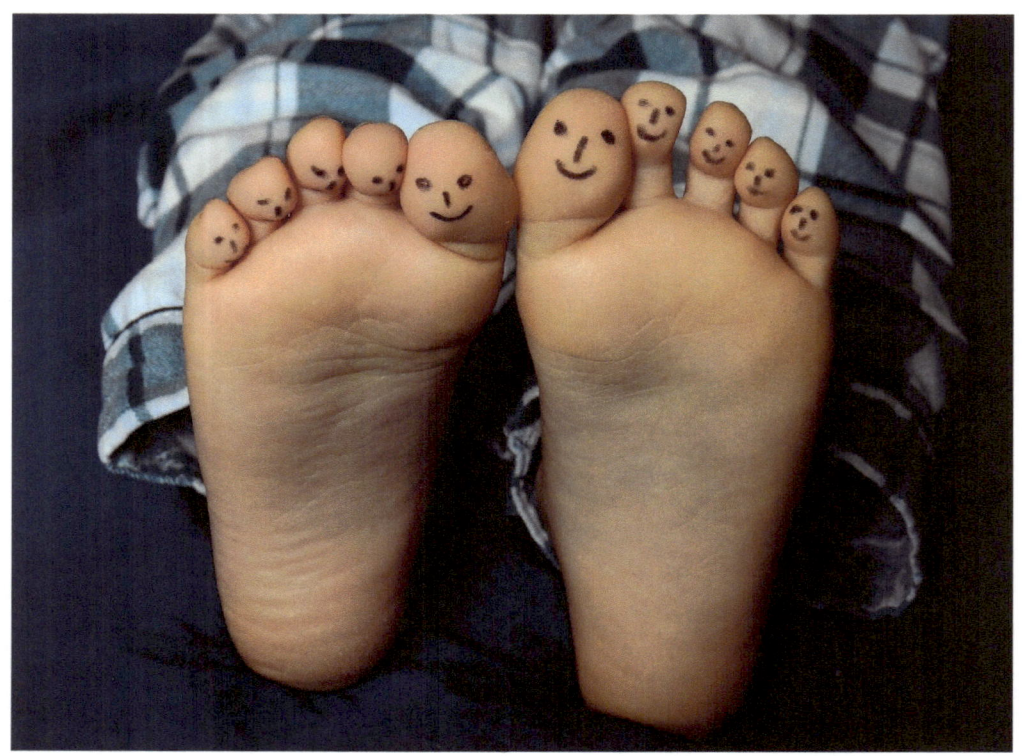

3. Muskelkräftigung für die Zehen:

Und wieder das Handtuch. Jedoch stellen Sie die Füße nun an eine Kante des Handtuchs und "greifen" danach. Nach 10 Griffen den Fuß wechseln.

4. Übung für die Fußsohlen:

Stellen Sie sich locker hüftbreit hin (realitätsnah bleiben, der Hüftknochen definiert die Breite der Hüfte, nicht die Röllchen) und strecken Sie die Zehen so weit nach oben, bis sich der Vorderfuß bis zur Mitte des Fußgewölbes abhebt. Halten Sie die Position 4 Atemzüge lang, bevor Sie die Zehen im Zeitlupentempo langsam wieder zu Boden legen; gehen Sie dabei mit dem Gewicht über Außenkanten und Fußballen. Sie spüren nun die drei Auflagepunkte des Fußes (Gross- und Kleinzehballen, Ferse), verharren Sie 5 Atemzüge in dieser Position und beginnen Sie die Übung von vorn.

Diese Übung eignet sich auch wunderbar dazu, um sich in stressigen Momenten wieder zu erden.

5. Venenpumpe:

Stellen Sie sich seitlich zu einer Wand, klemmen Sie sich einen Tennisball oder, wenn gerade keiner zur Hand ist, eine Rolle Toilettenpapier zwischen die Fußknöchel.

Wichtig ist, dass Sie sich bei der Übung gerade halten, da die Übung sonst nicht korrekt ausgeführt werden kann.

Atmen Sie ein und stellen Sie sich auf die Fußballen, die Position kurz halten, dann im langsamen Ausatmen den Fuß auf die Ferse absenken, dabei den Vorderfuß leicht anheben.

Den Übungszyklus 10 bis 12 Mal im Atemrhythmus durchführen.

6. Tuchziehen:

Dies ist eine Partnerübung, die Sie auch (oder vielleicht vor allem) mit Ihrem Kind machen können. Sie benötigen dazu ein Frotteetuch. Nun setzen Sie sich einander auf den Boden gegenüber, so dass das in der Mitte liegende Frotteetuch gut erreicht werden kann.

Auf Kommando versuchen Sie nun beide das Tuch mit den Zehen zu greifen und auf Ihre Seite zu ziehen.

Neben diesen Übungen kann nur immer wieder betont werden, dass das Barfußlaufen die einfachste und am wenigsten aufwändigste Gymnastik ist: Schuhe aus, Strümpfe aus, fertig. Noch nicht ganz Barfußversierte können in den eigenen vier Wänden auf Kuschelsocken ausweichen, aber mit der Zeit werden Sie feststellen, wie anders man doch die Erde wahrnimmt, wenn man sie nicht nur mit den Händen ertasten, sondern auch mit den Fußsohlen erfühlen kann. Welches Kind weiß heute noch, wie sich Morgentau oder Gras generell an nackten Füßen anfühlt? Die meisten Kinder verziehen leider schon im Freibad das Gesicht, wenn sie barfuß zur Toilette, zum Pommesstand oder ähnliches laufen müssen. Eine Wanderung barfuß über die Wiesen? Hilfe! Man könnte sich ja schmutzig machen dabei, iiiiieeeehhhhh! Überraschung, der liebe Gott hat Wasser nicht nur zum Schwimmengehen erfunden, denn - oh Wunder! - es eignet sich auch zum Waschen von schmutzigen Kinderfüßen.

Der Mensch hat von Anfang an einen ausgeprägten Greifreflex mit den Zehen und deshalb kann und soll von Anfang an die Fußmuskulatur durch Gymnastik gekräftigt werden. Solange der Fuß seine ursprüngliche Beweglichkeit behält und eine kräftige Muskulatur entwickelt, ist das Risiko von Verletzungen, Haltungsschäden und Gehbehinderungen minimal. Vor allem die Zehenbeuger auf der Unterseite des Fußes geben dem Fußgewölbe Halt und Elastizität. Leider sind sie in Schuhen weitgehend ruhiggestellt und deshalb häufig unterentwickelt. Deshalb ist es wichtig, die Geschmeidigkeit der Muskeln zu Trainieren und Sie werden sehr bald erstaunt feststellen, was die "Hand am Bein" alles kann.

Der Stein des Anstoßes - Fuß und Fußkalter

Generell ist es eines der neueren Rätsel der Menschheit, warum der Anblick eines nackten Fußes so viel Abscheu erregt. Für viele Menschen und in vielen Kulturen sind nackte Füße ein Ausdruck von Lebensfreude und im Mittelalter hatte ein Fuß sogar die Anstößigkeit eines überweiten Dekolletés (falls es so etwas heutzutage noch irgendwie gibt).

In Indien geben noch heute Form und Beschaffenheit der Füße Aussagen über ihren Besitzer, jedoch gelten sie im rituellen Sinn als unrein und es wird sorgsam darauf geachtet, nicht mit nackten Füßen auf eine Respektsperson oder auf etwas Heiliges zu zeigen und Künstler, die - wie in Indien noch heute üblich - die Füße als Arbeitsutensil zum Festhalten des Werkstückes nehmen, werden direkt - nachdem z. B. eine Heiligenfigur geweiht wurde - entlassen. So ist es auch nicht weiter verwunderlich, dass jüngst eine indische Weltklasse-Tennisspielerin von islamischen Fundamentalisten verklagt wurde, weil sie ihre nackten Füße auf einem Tisch vor sich platzierte. An sich nichts schlimmes, dumm nur, dass auf dem Tisch eine Miniatur der indischen Nationalflagge stand und sie so fotografiert wurde.

Weitaus weniger kriegerisch steht Afrika zum Barfußlaufen. Da gehört es zum Alltag wie essen, trinken und atmen; egal, ob da Schlangen, Käfer und Skorpione wimmeln, die Straßen staubig sind; hier und da ist gewiss auch der ein oder andere Unrat mit dabei, aber man zieht trotzdem keine Schuhe an. Wozu auch? Dabei fällt dem aufmerksamen Betrachter auf, dass diese Menschen stets ihre innere Ruhe haben; nichts bringt sie so schnell aus dem Gleichgewicht. Das liegt einfach daran, dass sie durch das Barfußlaufen stets Bodenhaftung haben, sie sind quasi immer "geerdet", was bewirkt, dass sie in sich ruhen. Dies kann aber nur geschehen, wenn etwas auf den gesamten Körper wirkt. Rufen wir uns die Fußreflexzonen in Erinnerung, dann fällt direkt auf, dass dadurch der Fuß automatisch massiert wird.

> *Gesunder Fuß - gesunder Mensch. So einfach und simpel das klingt, unter diesem Gesichtspunkt betrachtet, ist es erschreckend zu erkennen, wie wir mit unseren beiden Grundpfeilern umgehen, oder?*

In unseren Breitengraden hatte im Mittelalter hingegen niemand seine Füße zu zeigen, es galt als nicht sittsam und war - besonders für eine Frau höheren Standes - unschicklich. Nur der Pöbel und die Zigeuner liefen barfüßig.

Dieser "Trend" hielt sich bis zum Ende des 19. Jahrhunderts, wo peinlichst genau darauf geachtet wurde, dass die Füße immer bedeckt waren, sprich in

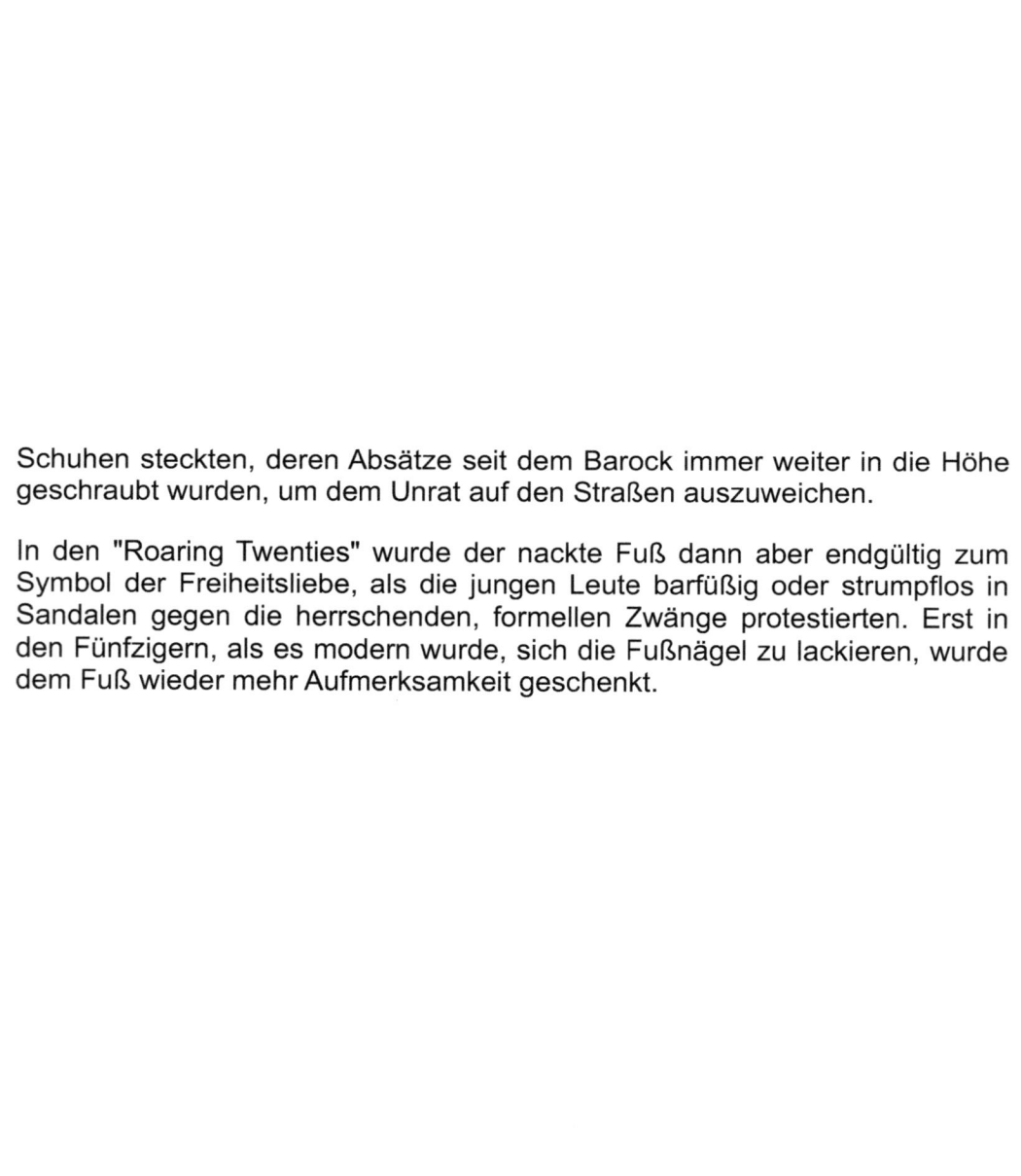

Schuhen steckten, deren Absätze seit dem Barock immer weiter in die Höhe geschraubt wurden, um dem Unrat auf den Straßen auszuweichen.

In den "Roaring Twenties" wurde der nackte Fuß dann aber endgültig zum Symbol der Freiheitsliebe, als die jungen Leute barfüßig oder strumpflos in Sandalen gegen die herrschenden, formellen Zwänge protestierten. Erst in den Fünfzigern, als es modern wurde, sich die Fußnägel zu lackieren, wurde dem Fuß wieder mehr Aufmerksamkeit geschenkt.

Zeigt her eure Füße...

Wie lange am Tag sperren Sie ihre Füße ein? Morgens nach dem Aufstehen rein in die Puschen und ab ins Bad. Nach der Morgentoilette wieder in die Puschen - oder gleich in die Schuhe - Frühstück und dann acht, neun Stunden oder sogar noch länger "Knast" ohne Freigang; danach endlich raus aus dem einen Schuh, nur um dann in einen sogenannten "Freizeitschuh" eingezwängt zu werden? Mal ehrlich, der einzige, der da Freizeit hat, ist der Besitzer der armen Füße, die in diesen Tretern vor sich hin schwitzen und dampfen und bei 27°C Schwerstarbeit leisten, bis sie dann spät abends (oder sogar nachts), daraus wieder befreit werden, um dann wieder in "Hausschuhe" gesteckt zu werden. Richtig atmen und sich erholen können die Füße eigentlich nur nachts. Jedes Tier wird besser behandelt und wenn Menschen so behandelt werden würden, ginge ein Aufschrei durch die Massen. Aber Füße haben weder Mund noch Lippen, dafür äußern sie sich anders.

...zeigt her eure Schuh´

Hühneraugen, Druckstellen, Blasen oder geschwollene Knöchel sind noch die harmlosesten Leiden gepeinigter Füße. Sie entstehen meist durch zu kleines, zu enges oder - auf den Absatz bezogen - zu hohes Schuhwerk.

Ist der Druck des Schuhes an einer Stelle zu hoch, bildet sich an dieser Stelle ein Hornmohn, der sich immer tiefer in das Gewebe bohrt. Je tiefer er in das gesunde Gewebe dringt, desto höher ist die Druckschmerzhaftigkeit. Im Volksmund ist dieser Dorn unter dem Namen Hühnerauge, Leichdorn oder Krähenauge bekannt (der Mediziner verwendet den Ausdruck *Clavi*). An sich lassen sich diese Plagegeister, wenn sie sich oberflächlich befinden, sehr gut mit salicylsäurehaltigen Pflastern selbst behandeln; liegen sie tiefer, ist es ratsam, nicht selbst an seinem Hühnerauge herumzudoktern, sondern einen erfahrenen Podologen Hand anlegen zu lassen; erst recht wenn Diabetes mellitus vorliegt. Durch die schlechtere Durchblutung ist die Wundheilung verschlechtert und es kann zu ernsthaften Folgeerkrankungen wie Fisteln oder Ulcera (Geschwüren) kommen, die infolge der verringerten Schmerzempfindlichkeit bei Diabetes lange unbemerkt bleiben und sich zu einem Gangrän (Absterben des Gewebes) ausweiten können! Für Diabetiker ist es daher unbedingt notwendig, dass auf gutsitzendes Schuhwerk - gegebenenfalls mit Einlagen - geachtet wird, wo der Fuß auch atmen kann. Hier ist falsche Sparsamkeit fehl am Platz (siehe "der Diabetische Fuß").

Ein weiteres heikles Thema sind eingewachsene Nägel. So harmlos sich das auch anhört, so sehr bergen sie Gefahren, denn in den Ecken zu stark eingeschnittener Nägel nisten sich nur zu gerne Infektionen ein. Ist das Übel erst einmal da, wird es oft erst dann richtig wahrgenommen, wenn die ersten Schmerzen auftreten und diese unter Umständen chronisch werden oder sogar Blut austritt. Auch wenn am Anfang noch die medizinische Fußpflege helfen kann - ist die Infektion einmal da, müssen eventuell auch Antibiotika eingesetzt werden, um das Problem zu beheben. Handelt es sich um ein stets wiederkehrendes Problem, so kann bei einem Fachmann die störende Kante mit einer kleinen Operation in örtlicher Betäubung entfernt werden, in dem die an der Stelle sitzenden Zellen chemisch zerstört werden.

Überbeanspruchung - im heutigen Berufsleben ja nichts ungewöhnliches - hat oft Mikroverletzungen des Gewebes zur Folge, aus denen nicht selten am Sehnenansatz von Muskeln und Fersenbein ein sogenannter Fersensporn entsteht. Beim Heilungsprozess lagert der Körper dann Knochenmaterial an und über lange Zeit hinweg bleibt der Fersensporn unbemerkt. Je weiter sich diese verknöcherte Ausziehung des Fersenbeins ausweitet, desto stärker wird die Entzündung; infolgedessen lagert der Körper weiteres Knochenmaterial an, und so weiter und so weiter, bis sich irgendwann einmal ein dumpfer, unregelmäßiger Schmerz beim Auftreten bemerkbar macht. Zwar können Einlagen viel bewirken und oft bleibt er auch unbemerkt, nicht selten aber muss ein Fersenspor auch operativ entfernt werden.

Schwieriger wird es da bei Hallux Valgus. Da hier das Großzehengrundgelenk beispielsweise durch den Druck falscher Schuhe verformt wird, kommt es zu schmerzhaften Entzündungen, weil die Sehnen, die normalerweise über das Großzehengrundgelenk verlaufen, nun weiter innen die Großzehe in eine schiefe Position ziehen. Werden solche Schuhe nun auf Dauer getragen, verkürzen sich nicht nur die Sehnen, sonder auch die Belastung auf den dadurch hervortretenden Grosßzehenballen vergrößert sich. Eine Entzündung entsteht, wobei der Körper - wie beim Fersensporn - Knochenmaterial anlagert. Durch weiteren Druck wird der Prozess begünstigt und ein Hallux valgus entsteht. Betroffen sind in erster Linie Frauen; weniger durch das von Natur aus schwächere Bindegewebe als durch die Damenschuhmode mit ihren enge Schuhspitzen und hohen Absätzen mit zuweilen zwanzig Zentimetern Höhe. Je höher der Absatz, desto höher auch der Druck auf den Fußballen und desto mehr wird ein weiterer Faktor für den Halux valgus begünstigt: Der Spreizfuß.

Beim ihm helfen orthopädische Einlagen, die in die Schuhe eingelegt werden können und die Schmerzen beim Gehen ein wenig dämpfen, jedoch wird der Betroffene um einen operativen Eingriff nicht herum kommen! Und selbst dann wird das weitere Tragen "normaler" Schuhe nicht möglich sein, da das Großzehengrundgelenk geschädigt bleibt.

Wirksamer ist es, den Schuh häufig zu wechseln und für den Alltag einen flachen Absatz sowie eine bequeme, der natürlichen Form des Fußes angepasste Schuhform zu wählen und Schuhwerk wie Pumps den besonderen Gelegenheiten vorzubehalten. Aber auch hier können Sie mit ein wenig Gymnastik im Sitzen etwas tun, indem Sie beispielsweise mehrmals täglich die Zehen einkrallen und wieder ausstrecken, um die Muskulatur zu stärken und anschließend kreisende Bewegungen mit dem Fuß durchführen.

Eine zivilisationsbedingte Deformation bildet der Senkfuß (oder auch Knicksenkfuß genannt, weil der Fuß von hinten betrachtet nach außen abknickt), der sich in nicht therapierter Form zum Plattfuß wandeln kann. Dabei senkt sich das Fußgewölbe infolge einer weiteren Schwächung der Fußmuskulatur unter Belastung soweit ab, dass die komplette Fußsohle zum Aufliegen kommt. Bei Kleinkindern sind kleine Platschefüßchen noch niedlich und auch normal, jedoch verwächst sich dies im Idealfall später und wenn der Trainingsreiz für die Muskulatur, die das Fußgewölbe trägt, gegeben ist, entwickelt sich ein Fuß mit gesundem Fußgewölbe.

In unserer bewegungsarmen Zeit jedoch fehlt eben dieser Trainingsreiz und die Muskulatur ist untrainiert. Langes Stehen, schweres Heben und alles, was starken Druck auf die Fußsohlen ausübt, bewirkt eine Verlängerung der Fassbänder, die Aufsatzfläche wird also breiter. Wer Kinderfüßchen zu früh in Schuhe steckt, fördert obendrein die Entstehung des kindlichen Knick-Plattfußes, dessen Therapie in einer operativen Aufrichtung und dem Einsatz eines Rückfußimplantates besteht. Nicht gerade erstrebenswert, oder?

Statt Kinderfüße in "Lauflernschuhe" zu stecken, lieber barfuß laufen lassen.

Der Erwachsenen-Knick-Plattfuß wird übrigens ebenfalls operativ korrigiert; durch eine Sehnenrekonstruktion und eine Versteifung des Vorderfußes. Toller Gedanke!

Gepflegt von Kopf bis Fuß

Vor kulturhistorischem Hintergrund betrachtet fristet der Fuß heutzutage ein vergleichsweise unbeachtetes Dasein.

Der antike Fuß war kräftig in seiner Muskulatur und dennoch geschmeidig; die Haut war glatt und die Zehen lang. An den Statuen vergangener Epochen ist sehr gut zu erkennen, wie ein "natürlich" gewachsener Fuß aussehen *sollte*. Erst in der Renaissance-Zeit, wo es en vogue war, die Antike wieder zu entdecken, kamen "antike" Statuen mit kleinen Schönheitsfehlern auf.

Die wohl bekannteste - und auch absurdeste - Stilisierung des Fußes ist der in China und Japan entstandene *Lotosfuß*, um den zu erhalten den Mädchen im Alter von 3 Jahren unter einer schmerzhaften Prozedur die Füße zuerst massiert, dann mit einem Stein gebrochen und anschließend mit nassen Bandagen sehr fest gebunden wurden, um diese dann am Wachsen zu hindern. Die Bandagen zogen sich beim Trocknen noch mehr zusammen, so dass sie umso fester saßen. In der Folge verformte sich der Fuß immer mehr zum Klumpfuß und starb teilweise oder sogar ganz ab. Ausgenommen von der Großziehe wurden den Mädchen mit den Bandagen die Zehen so bandagiert, dass sie unter die Fußsohle wuchsen und sie ganz kleine, schmale, spitze Füße bekamen. Je kleiner und zierlicher der Fuß war, desto begehrenswerter war die Frau. Eine schöne Frau ging nicht, sie trippelte, etwas anderes war ja auch gar nicht möglich und es war erst recht nicht möglich, das Haus ohne fremde Hilfe zu verlassen. Der kleinste gemessene Lotosfuß maß 14 cm, das Idealmaß lag aber bei 10 cm. Dieser absurde "Brauch" der chinesischen Oberschicht ging auf die Geliebte des letzten Kaisers der Tang-Dynastie (975) zurück, die sich die Füße bandagierte, um auf der goldenen Lotosbühne, die der Kaiser ihr errichtete, zu tanzen, und hielt sich bis in die 30er Jahre unserer Zeit.

Im Orient bedienen sich die Frauen seit Jahrtausenden der Hennamalerei, um ihre Füße ins Blickfeld des Betrachters zu rücken. Dabei werden die Zehen rot gefärbt, während der restliche Fuß mit filigranen Hennamustern verziert wird. Überhaupt wird im Orient noch heute auf die Füße viel mehr geachtet als hierzulande. Die im alten Orient verbreitete Sitte der Fußwaschung war nicht nur ein Zeichen der Gastfreundschaft, sondern auch ein Symbol für Respekt und Wertschätzung füreinander. Weit weniger bekannt ist, dass dies auch bei uns so war. Da die Straßen staubig waren, war die Fußwaschung ein in den Alltag eingebundenes Ritual, das nicht nur der Reinigung, sondern auch der Pflege und Heilung von vom langen Wandern geschundener Füße diente, denn Schuhwerk war teuer und somit den Reichen vorbehalten. Mittlerweile gilt die Aufmerksamkeit jedoch leider mehr der „Verpackung", denn dem Fuß.

Beautygeheimnis Bimssteinpflege

Die Abreibung mit einem Bimsstein im Abstand von zwei Tagen verhindert, dass sich zu viel Hornhaut bildet, die durchaus auch aufplatzen kann, was dann sehr schmerzhaft ist. Weiterhin empfiehlt es sich, einmal in der Woche seinen Füßen eine Portion Extrapflege zukommen zu lassen. Sie werden es Ihnen danken, glauben Sie mir.

Zur richtigen Pflege werden folgende Utensilien benötigt:

- eine kleine Wanne mit warmen Seifenwasser
- Frotteehandtuch
- Nagelzange
- Sandpapierfeile
- Bimsstein oder Spezialbürste

- Nagelbürste
- Hautfunktionsöl, Körperlotion oder Fußcreme

Vorgehensweise:

1. Baden Sie Ihre Füße in dem warmen Seifenwasser.
2. Rubbeln Sie mit einem Bimsstein oder der Spezialbürste die raue Haut und die Hornhaut ab.
3. Schneiden Sie die Nägel mit der Nagelzange in eine kurze, gerade Form.
4. Feilen Sie die Ränder der Nägel mit der Sandpapierfeile nach, damit sie ganz glatt sind.
5. Massieren Sie die Füße mit Hautfunktionsöl, Körperlotion oder einer Fußcreme ein.
6. Zur Erfrischung eignet sich ein wohlduftendes Fußspray.

Wenn gewünscht, kann anschließend noch Nagellack oder - wer dafür das Geschick besitzt - Gel aufgebracht werden.

> *Übrigens: ein Spritzer Kokosmilch ins Wasser macht die Haut zart. An warmen Tagen schafft ein Rosmarin- oder Pfefferminzzusatz (als Öl ein paar Tropfen oder als Teeaufguss im Wasser) Abhilfe. Ist es mit dem Brennen allerdings gar zu arg, dann greift man besser zu Aloe Vera oder zu Rosenwasser, das bewirkt auch, dass Schwellungen abklingen. Kleinere Reizungen am Fuß behandeln Sie am ehesten mit Salz aus dem toten Meer oder einfach nur mit Milch.*

Tipps bei unangenehmem Fußgeruch

Doch die beste Pediküre ist nutzlos, wenn eine Wolke unangenehmen Geruchs mitschwingt. Dabei ist übermäßige Schweißproduktion ein Übel, dem sich auch mit einfachen Mitteln recht gut beikommen lässt; nur in extremen Fällen ist ein operativer Eingriff notwendig. Aber dennoch sollte so etwas nicht auf die leichte Schulter genommen werden, denn durch das ständige Eingeschlossensein in Schuh und Strumpf bildet sich ein feuchtes Klima im Schuh, das die Hornschicht aufweicht und somit die Pilzbildung begünstigt. Dies kann vor allem bei Diabetikern gefährlich sein (vgl. "der Diabetische Fuß").

Ratsam ist es bei diesem Problem, in erster Linie täglich das Schuhwerk zu wechseln, damit die Schuhe gut trocknen und auslüften können. Mittlerweile gibt es neben Zimt- und Kohleeinlagen auch Einlagen mit Silberionen, die ebenfalls ein probates Mittel sind. Die Strümpfe, die aus Baumwolle sein sollten, müssen ebenfalls täglich gewechselt werden, auch um Bakterienbildung zu vermeiden, da sie direkt auf der Haut getragen werden. Verwenden Sie allmorgendlich ein Fußpuder, welches Sie auch in die Socken geben. Empfehlenswert ist unter anderem eine im Handel unter dem Namen Antihydral© erhältliche Salbe, welche Methenamin enthält, Infektionen vorbeugt und speziell für diese Problematik entwickelt wurde.

Wenn Ihnen das Schweißproblem bekannt ist, können Sie durch tägliche Fußpflege die Duftintensität enorm verringern, indem Sie Ihren Füßen wahlweise ein Essig- oder ein Salbeibad gönnen. Beides wirkt adstringierend (zusammenziehend), wodurch weniger Schweiß produziert wird. Wichtig ist, dass das Wasser nicht zu warm ist, sondern eher handwarm, da zu heißes Wasser die Schweißproduktion ankurbeln und das Problem verstärken kann.

Geben Sie hierzu eine Tasse Essig oder eine Tasse Salbeitee auf einen Liter Wasser. Der Tee sollte 10 Minuten ziehen. Auch Fußbäder mit Eichenrinde (bitte NUR aus der Apotheke besorgen) sind wirksam, weil die in der Rinde enthaltene Gerbsäure ebenfalls zusammenziehende Wirkung hat. Gegebenenfalls helfen auch Lavendelcreme für den Tag und Lavendelbäder am Abend, den Geruch zu beseitigen.

Helfe die genannten Tipps nicht, werden Sie - wenn Sie das Problem ernsthaft loswerden wollen - um einen Arztbesuch nicht herumkommen. Hierbei werden die Schweißdrüsen in der Oberhaut durch eine Botox-Injektion, die nach einem halben Jahr wiederholt werden muss, lahm gelegt. Noch einen Schritt weiter geht das Injizieren von Phenol in den Grenzstrang des Sympathicus, welches die Schweißbildung für ein volles Jahr hemmt.

Doch zum Glück hat Mutter Natur für so ziemlich alles ein Kraut, wenn man zum einen die ersten Anzeichen richtig deutet und zum anderen die richtige Rezeptur kennt.

Erste Hilfe aus der Natur
Kräuterrezepte und -anwendungen

Fußpilz

Diese Pilzerkrankung wird von dem Pilz *Tinea spp.* hervorgerufen und befällt an den Füssen meist die Zehenzwischenräume, während *T. favosa* vor allem die Nägel befällt.

Als Hefepilz vermehrt er sich in erster Linie da, wo ein feuchtwarmes Klima anzutreffen ist, darum ist Hygiene oberstes Gebot, ebenso das sorgfältige Abtrocknen zwischen den Zehen.

Neben antifungalen Salben können morgens und abends auf die befallenen Stellen Teebaumöl, Ringelblumen- oder Echinaceasalbe aufgetragen oder aber mit frischem, reinem Aloesaft betupft werden. Ein weiteres pflanzliches Mittel bei Nagelpilz ist die Behandlung mit Weinessig: Einfach ein Wattestäbchen mit Weinessig benetzen und auf den befallenen Nagel auftragen.

> *Pilze brauchen eine basische Umgebung; wird ihnen diese genommen, gehen sie ein. Aber egal ob chemisch oder homöopathisch, eine Pilzbehandlung ist immer sehr langwierig.*

Hühneraugen

Wenn das Hühnerauge noch nicht allzu weit fortgeschritten ist, kann das Blatt einer Hauswurz (Sempervivum) erste Abhilfe schaffen. Das dünne Häutchen wird vorsichtig von einer Seite abgelöst, das Blatt auf die verhornte Stelle gelegt und mit Hansaplasttape befestigt. Nach einigen Stunden kann das Blatt entfernt und die verhornte Stelle gelöst werden.

Mit Sicherheit ist das keine Dauerlösung, da Hühneraugen rezidivieren, aber eine preisgünstige Alternative für alle, die nicht gleich mit einem chemischen Hammer mit Säurekern zuschlagen wollen.

Vor Überanstrengung schmerzende Füße

Beinwell ist ein uraltes Mittel, das seinen Namen nicht von ungefähr hat. Schon die alten Heilkundigen kannten die Heilkraft des Krautes bei Beinleiden aller Art und da der Fuß ja bekanntlich zum Bein gehört, findet noch heute diese Alternative zu teuren Salben viele Anhänger und hilft bei Verstauchungen, Überanstrengung und Verrenkungen:

Dazu einfach Beinwellblätter mit heißem Wasser überbrühen und die noch warmen Blätter auf die betroffene Stelle auflegen.

Geschwollene Füße

Wer kennt das nicht, wenn es draußen sommerlich warm ist und die Füße anschwellen, weil der Körper Wasser einlagert?

Fichtennadel-Gel lässt die Füße wieder abschwellen und wirkt sogar vorbeugend gegen Krampfadern!

Ich möchte Ihnen hier ein simples Rezept vorstellen, das in seiner Zusammenstellung abschwellend und durch den Tinkturalkohol kühlend wirkt. Die ätherischen Öle unterstützen diese Wirkung, der Harnstoff wirkt der austrocknenden Eigenschaft der Tinkturen entgegen und sorgt für genug Feuchtigkeit auf der Haut:

10 ml Fichtennadel-Tinktur

10 ml Rosskastanien-Blüten-Tinktur

10 ml Wachholder-Tinktur

20 ml Aqua dest. oder Mineralwasser

5 gr. Harnstoff

1/2 TL Fluidlecitin CM oder Super

1/2 TL Wachholderöl-Auszug

20 Trpf. ätherisches Fichtennadelöl

20 Trpf. ätherisches Wachholderöl

1/2 TL Xanthan oder Gelbildner

Mit Fluidlecitin CM wird das Gel gelb, mit Super entfällt die Färbung.

Und so wird´s gemacht:

1. Zutaten bereit stellen
2. Tinkturen vermischen
3. Wasser hinzugeben und Harnstoff auflösen
4. Fluidlecitin in ein kleines Glas mit dichtem Schraubdeckel geben
5. Wachholderöl-Auszug in das Fluidlecitin geben
6. ätherische Öle in die Mischung geben
7. Mischung so lange umrühren, bis eine homogene Flüssigkeit entsteht
8. Mischung aus Tinkturen, Wasser und Harnstoff in die ölige Mischung
9. alles gut miteinander vermischen
10. Xanthan in die Mischung geben
11. das Glas mit seinem Deckel verschließen und mehrmals kräftig schütteln

Nach etwa 10 Minuten ist das Xanthan soweit aufgequollen; zwischendurch immer mal wieder schütteln, damit sich alles besser mischt. Ist das Xanthan fertig aufgequollen, hat sich ein Gel gebildet, das nun in Tiegel abgefüllt werden kann. Den Tiegel noch mit Datum beschriften, fertig!

Ein probates Mittel gegen wundgelaufene Füße ist auch, ein Huflattichblatt mit der filzigen Seite nach oben auf die wunde Stelle zwischen Fuß und Strumpf zu platzieren.

Für Vielläufer empfiehlt sich eine Massage mit Beifußöl: Setzen Sie sich dazu einfach in einen bequemen Sessel und legen Sie einen Fuß - hier ist es ausnahmsweise der rechte - auf den linken Oberschenkel. Ziehen Sie nun den Strumpf aus und verteilen Sie das Massageöl. Achten Sie dabei darauf, dass Ihre Hände warm sind. Beginnen Sie damit, dass Sie sanft über Fußsohle und -rücken streichen und massieren Sie dann jede Zehe ausgiebig und jede für sich. Massieren Sie in der Folge über das Fußgelenk und die Fersen. Nehmen Sie sich pro Fuß mindestens fünf Minuten Zeit, wenn Sie möchten aber auch gerne mehr; ihre Füße werden es Ihnen danken.

Schlüpfen Sie danach in Baumwollsöckchen - sie lassen die Füße am besten atmen - und waschen Sie Ihre Hände gründlich unter warmem Wasser mit Seife.

Wenn Sie kein Beifußöl im Handel erhalten (was leider überwiegend der Fall ist), so können Sie dieses auch leicht selbst herstellen:

Ein Bündel Beifuß wird mit einem Liter gutem Pflanzenöl in einer weithalsigen Flasche aufgegossen und zwei bis drei Wochen an einer warmen, trockenen Stelle ziehen gelassen. Dabei immer wieder einmal schütteln. Nach dieser Zeit das Öl abseihen und es in saubere, trockene und möglichst dunkle Flaschen abfüllen.

> *Für die Herstellung solcher Öle eignet sich am besten extra natives Olivenöl.*

Es gibt aber auch Krankheiten, die nicht in Eigentherapie behandelt werden dürfen und in die Hände von schulmedizinischer Betreuung gehören. Dies sind die "offenen Beine", die aber meist nicht nur das Bein, sondern auch den Fuß betreffen und die man, wenn man die Anzeichen erkennt und frühzeitig die Ursachen behandeln lässt, auch vermeiden kann, denn sind diese Geschwüre (Ulcera) erst einmal entstanden, heilen sie meist nur sehr schwer und der Heilungsprozess dauert sehr, sehr lange.

Es werden zwei Arten dieser Ulcera unterschieden: die venösen, die also die Venen betreffen und die arteriellen, die die Arterien betreffen.

Diese Hautdefekte reichen mindestens bis in die Lederhaut und am Anfang weist die Haut einen Elastizitätsverlust auf, was sie leicht verletzbar macht; weiterhin ist sie glänzend und dünn.

Bräunlich-gelbe und fahle Hautstellen sind erste Anzeichen, die vor allem bei der venösen Form. Gleichzeitig auftreten.

Da die Wundheilung bei den Betroffenen im allgemeinen verschlechtert ist, ist auch die Verletzungsgefahr, selbst bei dem geringsten Stoß, gegeben und nicht selten hinterlassen auch Kleinstverletzungen kleine, unregelmäßige Narben.

Kommen Pilzinfektionen oder bakterielle Infektionen hinzu, treten zusätzlich Entzündungsanzeichen auf, also Wärme, Rötung, Schmerzen, usw. Natürlich verändern sich auch die Nägel, achten Sie daher darauf, ob Rillenbildung auftritt oder eine mykotische Veränderung (Pilz) erkennbar ist.

Bevor sich aber die eigentlichen Ulcera bilden, entstehen harte, rote, schmerzende "Platten", die empfindlich auf Druck reagieren.

Sind die Ulcera einmal da, sind sie meist münzgroß und können bis auf die Muskeln oder den Knochen reichen. Oft sind sie schmierig-eitrig belegt, mit wulstigen, verhärteten Rändern.

Liegt eine periphere, arterielle Verschlusskrankheit vor (paVK), sind Ulcera das Endstadium und sitzen vor allem an den Zehen und überall dort, wo Druck entsteht (Ferse, Ballen, usw.). Ihre Größe reicht von ein paar Millimetern Durchmesser bis über ganze Zehen und Vorfußabschnitte und betrifft immer Muskeln, Sehnen und auch den Knochen. Schlimmstenfalls können sich Ulcera zu einem Gangrän ausweiten.

Da es sich hierbei nicht um eine auf Heilung durch Ruhestellung ausgerichtete Wunde handelt, *müssen* sich die Betroffenen bewegen, damit die Durchblutung besser in Gang kommt.

Behandelt werden können sie nur durch Fachpersonal; bitte nicht selbst an diesen Wunden herumdoktern! Denn nur diese kennen den richtigen Umgang mit Kugeltupfern, Kaliumpermagnatfußbädern und Hydrokolloidverbänden; allerdings helfen ein intaktes Immunsystem und eine ausgewogene Ernährung bei der Wundheilung. Lassen Sie sich nicht entmutigen; der Heilungsprozess dauert lange, aber die Ulcera heilen, vorausgesetzt, man bleibt dran.

Nach Abheilen der Ulcera können bei instabilen Narben Hautplastiken oder Hauttransplantationen vorgenommen werden, aber die Haut sollte intensiver als vorher gepflegt und die gesunde Lebensweise beibehalten werden, wenn es nicht erneut zu Ulcerationen kommen soll.

Der diabetische Fuß

Jeder Mensch sollte auf seine beiden Grundpfeiler sehr gut achten, denn vielerlei Dinge, die uns im Alltag so harmlos scheinen, sind für die Füße, die unsere Misshandlungen so lange und geduldig klaglos hinnehmen, die reinste Folter und haben oft schwerwiegende Folgen.

Eine Sonderstellung nimmt der diabetische Fuß ein. Er tritt - wie der Name schon sagt - bei dem Diabetiker des Typs II auf. Der diabetische Fuß bezeichnet die insgesamt erhöhte Anfälligkeit des Fußes durch die verminderte Durchblutung aufgrund höherer Ablagerungen an den Wänden der Blutgefäße und deren daraus resultierender verminderter Elastizität, geringere Hautfeuchtigkeit und -elastizität sowie einer herabgesetzten Sensibilität.

Wichtig zu erwähnen ist, dass es sich bei dem diabetischen Fuß um ein vollkommen eigenständiges Erkrankungsbild handelt, was jeden fünften Diabetiker betrifft. Es gibt dabei sehr häufig Mischformen von Neuropathien (durch mangelnde Versorgung geschädigte Nerven in Armen und Beinen) und Durchblutungsstörungen in Armen und Beinen, die ein Absterben von ganzen Gewebebezirken hervorrufen können.

Trotzdem werde ich der Wichtigkeit des Themas zuliebe hier etwas ausführlicher werden, denn wir sollten bestrebt sein, unser einziges paar Füße zu behalten.

Es werden zwei Arten des diabetischen Fußes unterschieden:

Der neuropathische und der ischämisch-gangränöse Fuß.

Bei ersterem fängt es in der Regel mit trockener Haut an. Die Haut, unser Schutzmantel, ist normalerweise geschmeidig und leicht glänzend. Hier ist dem nicht so. Treten starke Schwielen oder Drucksteller auf, sollten Sie unbedingt handeln.

Im weiteren Verlauf ist es so, dass kleinere Verletzungen an versteckten Stellen, z. B. an der Fußsohle, nicht bemerkt werden, weil sie der Betroffene einfach nicht spürt. Selbst tiefe Geschwüre werden aus dem Bewusstsein verdrängt, à la "was ich nicht spüre, existiert nicht". Dabei ist gerade eine regelmäßige Inspektion des Fußes durch einen Arzt sehr wichtig zur Vorbeugung!

Klinische Symptome

1. schmerzlose Verletzungen
2. verminderte Sensibilität
3. Geschwüre an den Fußsohlen
4. warme und rosige Füße
5. tastbare Fußpulse
6. Schwielen
7. lokale Wassereinlagerungen (Ödeme)
8. Begleitinfektionen

Vorbenannte Symptome sind die klinischen Symptome des neuropathischen diabetischen Fußes, jedoch müssen sie nicht allesamt gleichzeitig auftreten.

Der ischämisch-gangränöse Fuß ist äußerst schmerzhaft und infolgedessen sehr, sehr druckempfindlich. Die Haut ist blass-bläulich und fühlt sich kalt an. Verletzungen werden durch die hohe Schmerzempfindlichkeit sofort bemerkt und die Füße schmerzen schon bei geringer Belastung, aber in Ruhe verschwinden die Schmerzen wieder. Am Fuß kann kein Puls mehr ertastet werden und die Zehen werden schon teilweise nekrös, da das Gewebe dort bereits abgestorben ist.

Ist es in beiden Fällen schon so weit, dass Gewebe abgestorben ist, kommt man um eine Amputation nicht herum. Um diesen Schritt aber zu vermeiden, ist eine engmaschige Fußinspektion unumgänglich; also lieber einmal mehr zum Arzt, auch bei kleineren Wehwehchen!

Soweit die Füße tragen - Barfußlaufen im Eigenexperiment

Ich vertrete die Ansicht, dass kein Buch ein Ratgeber sein kann, wenn der Autor nur vom Hören-Sagen her Dinge erklärt. Daher ließ ich es mir nicht nehmen, das Thema Füße und Fußgesundheit in vier Wochen im Eigenversuch zu erleben.

1. Woche

Montag:

Habe heute beschlossen, mal barfuß mit meinem Kind spazieren zu gehen. Warum auch nicht? Es ist Sommer und die Sonne wärmt die Erde mit ihren Strahlen. Ein wenig mulmig ist es mir allerdings schon, als ich - das Kind schon fertig im Buggy verstaut - mich meiner Schuhe entledige und die ersten zaghaften Schritte auf geteertem Boden mitten im Grünen mache.

Der Boden fühlt sich warm an und leicht sandig; im Bitumen fühle ich die kleinen Steinchen, aber nicht unangenehm - eher seltsam. Dabei fällt mir zum ersten Mal auf, wie ich gehe. Eigentlich war ich immer der Annahme, dass ich mit der Ferse zuerst auftrete und dann den Fuß nach vorne abrolle, wie es sich gehört, aber weit gefehlt. Tatsächlich stelle ich fest, dass ich zuerst mit der Fußspitze auftrete und bin etwas irritiert.

Nach einer Weile konzentrierten "richtigen" Gehens (ich wusste gar nicht, dass das so anstrengend sein kann), habe ich mich auch an die Struktur des Bodens gewöhnt und unwillkürlich keimt in mir der Gedanke an Fußreflexzonenmassagen und reflexzonenstimulierende Badelatschen auf. Und trotz des vordergründig gesehenen Wellnessaspektes steigt unterschwellig doch die Angst eines jeden Barfußanfängers vor Glasscherben, Vogelkot und Hundehaufen; nicht zu vergessen die schönen Speichelklumpen, die Jugendliche gerne mal in Rudi-Völler-Gedächtnismanier auf die Straße feuern. Aber wenn ich nicht daran denke, dann beginnt mir die Sache langsam Spaß zu machen und nach einer weiteren Zeit verlassen mich die Sorgen ganz. Nur die verwunderten Blicke mancher Spaziergänger veranlassen mich dann doch dazu, meinen Ausflug ins Barfußfeeling für heute schneller zu beenden, als ich ursprünglich geplant hatte und so trolle ich mich zurück zu meinem Auto, wo meine Schuhe schon warten. Seltsamerweise empfinde ich sie nicht mehr als so bequem wie vorher und es dauert eine Weile, bis ich mich wieder daran gewöhnt habe.

Dienstag:

Der Morgen beginnt mit Muskelkater in den Waden. Jetzt weiß ich, was Walking bedeutet. Egal, Augen zu und durch.

Wenn ich mich zur Raison bringe, dann schaffe ich es sogar früh am Morgen, barfuß physiologisch korrekt durch meine Wohnung zu laufen. Aber ich muss heute noch mit meinem Kleinen zum Kinderarzt und ich befürchte, dass mein neuer Barfußtrend dort nicht so gut ankommt, also rein in die bequemen Schuhe vom Vortag.

Nicht zu vergessen, der Wocheneinkauf. Der Vormittag wird nervig, ich bin angespannt und irgendwie reizbar und trete von einem Fuß auf den anderen. Ich schaue auf die Uhr. Um halb acht haben wir das Haus verlassen und nun ist es schon halb eins. Für mein strapaziertes Nervenkostüm kommen noch sommerliche 26°C und um wenigstens meinem Kind etwas Gutes zu tun, überwinde ich mich doch dazu, einen Spaziergang zu unternehmen. Wohl gemerkt, noch immer in der althergebrachten Weise mit Schuhen. Dies wird mir aber erst bewusst, als ich mein Kind um den Fischweiher unseres Dorfes im Buggy spazieren fahre und mich unter den Baumkronen der am Weg stehenden Eschen und Birken wieder finde. Da fällt mir dann auch glatt weg wieder ein, was ich mir ja am Vortag vorgenommen hatte. Also raus aus den Tretern. Wieder ist es seltsam, aber nicht so wie beim letzten Mal. Nicht so stark und trotzdem irgendwie anders.

An meiner Fußsohle spüre ich weichen, moosigen Boden wie ein Teppich und vereinzelt kitzeln mich die Grashalme beim Laufen. Trotzdem, meine Vorsicht bleibt bei Rotkies-Wegen, aber Asphalt kenne ich ja schon, von daher: auf ihn mit Gebrüll. Kommt es mir nur so vor, oder werde ich tatsächlich innerlich ruhiger? Ich fühle mich so... erdverbunden - irgendwie komplett. Klingt vielleicht seltsam, ist aber so. So ruhig habe ich mich schon lange nicht mehr gefühlt, da ist mir auch mein Muskelkater egal.

Ein wenig bedauere ich schon, dass der Rundweg um den Weiher so kurz ist und stecke meine Füße mit einem leichten Seufzen wieder in die Schuhe.

Und wieder bin ich froh, als ich zu Hause wieder aus den Dingern raus kann. Ich nehme mir vor, nun auch in meiner Wohnung barfuß zu laufen und stelle fest, dass ich meinem 14 Monate alten Sohn so viel besser hinterher flitzen kann - klar, der Halt ist ja auch viel größer; außerdem habe ich noch immer diese geerdete Ruhe und mir gefällt das.

Mittwoch:

Aufstehen und barfuß durch die Wohnung gehen - ein neues Morgenritual ist erfunden. Mein Muskelkater beginnt sich wieder zu verabschieden und ich beginne auch langsam, meine neue Gewohnheit zu verinnerlichen, wenngleich ich mich immer wieder dazu erziehen muss. Heute ist einer der Tage, an denen mein Sohnemann zu seiner Tante geht; ich mache ihn fertig, bringe ihn zum Auto; das ganze natürlich barfuß. Ich bin verwundert, dass ich so einfach über den Rotkies laufen kann und stelle fest, dass sich auf meiner Fußsohle eine leichte Hornschicht gebildet hat, die sie ein wenig unempfindlicher und somit weniger anfällig für Blasen macht. Autofahren ohne Schuhe ist allerdings eine gefährliche Angelegenheit und selbst wenn ich für alles offen bin, aber DA bin und bleibe ich konservativ!

Als ich meinen Sohn bei seiner Tante abgeliefert habe, überkommt mich wieder der Reiz des Neuen: das Treppenhaus mit den Steinplatten und -treppen. Ein wenig zögerlich ziehe ich meine Schuhe aus. Der Boden sieht mit einem Mal ein wenig kalt aus, aber trotzdem versuche ich es und stelle überrascht fest, dass es sich um eine angenehme Kühle handelt. Ich fühle mich mit einem Mal so leicht und beschwingt, schwebe förmlich durchs Treppenhaus und zugegebenermaßen graut mir ein wenig davor, meine Schuhe wieder anzuziehen. Kaum wieder die Schuhe an den Füßen, werde ich wieder nervös. Was ist das bloß?

Instinktiv fahre ich rechts ran und will es jetzt wissen. Kann das tatsächlich sein, dass barfuß besser erdet? Schnell bin ich aus dem Auto und die Schuhe wieder aus. Schon wenig später werde ich spürbar ruhiger und meine Reizbarkeit verschwindet wieder. Natürlich, fällt es mir ein, befinden sich doch auch an den Füssen die Energiezentren des Körpers; ebenso wie an den Händen.

Donnerstag:

Heute ist Schwertkampftraining angesagt. Mehr aufgrund der Tatsache, dass meine Schuhe rutschige Sohlen haben, als das Barfuß-Experiment, veranlasst mich dazu, mich von meinen Tretern zu befreien und ohne sie weiter zu trainieren - und ich stelle überrascht fest, dass ich mich auf dem glatten Holzboden nicht nur viel besser bewegen kann, sondern dass auch nach wenigen Tagen konsequenten Trainings der Fußmuskulatur mein

Standvermögen sehr viel besser geworden ist. Hätte ich vor einer Woche barfüßig da gestanden, wäre das bestimmt eine ziemlich unsichere und wackelige Angelegenheit geworden. Ich bin wirklich angenehm überrascht. Überhaupt sei meine Haltung insgesamt besser geworden, meinte mein Trainer. Oha, das ist mir noch nicht aufgefallen bislang, animiert mich aber zum weitermachen.

Auf dem Weg zum Auto muss ich noch schnell zur Bank und bin ziemlich überrascht, als mich plötzlich ein Kind am Ärmel zupft und mir einen Euro in die Hand drückt "damit du dir Schuhe kaufen kannst". Das Mädchen ist etwa vier bis fünf Jahre alt und der Mutter ist das sichtlich peinlich. "Sie hat noch nie gesehen, dass jemand ohne Schuhe auf die Straße geht", entschuldigt sie sich. Ich erkläre ihr, dass das kein Problem, sondern nur ein Experiment ist und gebe ihr den Euro wieder. Innerlich muss ich mir Mühe geben, mir nicht vor Lachen auf die Zunge zu beißen, als ich an mir heruntersehe und feststelle, dass ich noch immer barfuß bin. Ich hatte tatsächlich vergessen, dass ich doch eigentlich meine Schuhe anziehen wollte.

Freitag:

Es regnet in Strömen. Wäre sicherlich auch interessant geworden, herauszufinden, wie sich regennasser Boden anfühlt, aber so mutig bin ich dann noch nicht und verstaue meine Füße doch lieber in Kuschelsocken als Kompromiss. Einzig mein Sohn findet die buntgeringelten "Entwässer" lustig.

Als ich so am reflektieren bin, muss ich mit Erstaunen feststellen, dass sich wirklich viel getan hat. Normalerweise gehöre ich zu der Sorte Menschen, die bei Blasenbildung an den Füßen als erste ganz laut "Hier!" schreien, aber nichts dergleichen ist geschehen, im Gegenteil. Ich bemerke, dass meine Haut widerstandsfähiger geworden ist, trotz dass ich sie seit etwa zwei Tagen regelmäßig abends eincreme.

Überhaupt widme ich meinen Füßen auffallend mehr Zeit als früher und beginne, mich selbst anders wahrzunehmen - irgendwie komplett.

Samstag/Sonntag:

Schönwettertage taufe ich umgehend um in Barfußtage. Langsam beginne ich zu verstehen, warum so viele Menschen darin auch den Inbegriff von Freiheit und Lebenslust sehen. Dieses Natürliche, diese Ungezwungenheit, dieses andere Wahrnehmen seiner Umwelt - das alles macht das Leben doch erst lebenswert. Überhaupt möchte ich meine neugewonnene innere Ruhe und Lockerheit nicht mehr müssen und diese Lebenshaltung überträgt sich auch nach außen. Ich bin mit mir selbst zufrieden.

2. Woche

Ein wenig ist es mir schon zur Selbstverständlichkeit geworden, kann ich mir doch immer weniger erklären, warum so viele Menschen sich immer aufregen über Glasscherben, Tierfäkalien und sonstigen Unrat. Bis auf die Glasscherben gab es schon seit Anbeginn der Zeitrechnung Ausscheidungen, Insekten und Steine und seit es Menschen gibt auch Barfüßer. Die ersten Menschen machten sich keine Gedanken darum, ob sie über Vogelkot oder einen Käfer laufen und auch später, als die ersten Schuhe "erfunden" waren (Lumpen, welche um die Füße gewickelt wurden), taten sie einfach das, was dem modernen Menschen wohl als letztes diesbezüglich in den Sinn kommt, das aber auch das logischste ist: aufzupassen, wo man hin tritt.

Während um Unrat herumgelaufen werden kann, werden Stellen mit Glas oder anderen scharfen Dingen einfach gemieden. Punkt. Wo ist da das Problem? Aber bei den Blicken der Leute fühle ich mich zeitweise immer noch unwohl, wenngleich ich Fragen gegenüber offen bin und gerne antworte.

Egal, wer einmal mit nackten Füßen über eine morgenbetaute Wiese gelaufen ist, wird merken, wie nichtig und klein manche Dinge, wie zum Beispiel unverständliche Blicke von Passanten, sind.

Der Zufall kommt mir zu Hilfe: bei meinem Verein steht ein Benefiz - Auftritt in einem Kindergarten an und draußen ist es schwül warm. Ich habe ein gutes Argument, um meine Schuhe auszuziehen: im Mittelalter hatte auch nicht jeder Schuhe an. Da sich vom Rest sonst keiner traut, bin ich ziemlich schnell Gesprächsthema. Mit Handspindel und Wolle bewaffnet referiere ich also barfüßig über den Siegeszug der Socke im frühen Europa und grinse still in mich hinein. Bingo! Barfußlaufen wirkt wohl ansteckend, zumindest wenn ich die *„Blicke, die einen töten können, weil das Kind wieder Flausen hat"*, interpretiere. Dabei bin ich doch sooo unschuldig.

3. Woche:

Mein Kind gehört zu der Sorte potentieller Nachahmer. Deshalb frage ich mich im Nachhinein, warum ich nur so überrascht war, dass er mit einem Mal weder Strumpfhose noch Söckchen tragen wollte. Ein Blick an mir herunter - natürlich, war ja klar: wie die Mutter so das Kind.

Mein Sohnemann ist gerade in dem Alter, in dem Kinder sich aufrichten, um die ersten Schritte zu gehen und ja, auch ich habe mich bequatschen lassen, ihm Lauflernschuhe zu verpassen. Nur leider konnte ich bislang nicht feststellen, wie mein Kind darin läuft; ob es die Zehen krumm hält oder ob es den Fuß richtig abrollt usw. Tatsächlich sehe ich es jetzt erst ohne Schühchen, dass er den Fuß mit der Innenkante abrollt; eine Tatsache, die mir so wenig gefällt, dass ich mir vornehme, sie weiter im Auge zu behalten.

Weiterhin lasse ich die von allen Seiten so hochgepriesenen (warum bloß?) ABS-Socken weg und nach wenigen Tagen hat mein kleiner Schatz sich an das Barfußlaufen gewöhnt und ich kann förmlich dabei zusehen, wie es ihm immer besser gelingt, die kleinen Speckfüßchen richtig aufzusetzen. Nur das mit dem Abrollen, das müssen wir noch ein wenig üben.

Ein winziger Wermutstropfen sind die Wiesen, da habe ich noch zu viel Angst davor, ihn barfuß laufen zu lassen. Aber nichts desto trotz sehen diese kleinen Träubchenzehen einfach süß aus von hinten.

Außerdem scheint es dem Kleinen Spaß zu machen, vor allem die Gymnastik, die ich mit ihm mache, damit die Muskulatur in seinen Beinchen gekräftigt wird: Mit nackten Füßen an Mamas Beinen hochklettern. Und schon rollen sich die kleinen Zehen nach einigen Tagen nicht mehr so häufig. Überhaupt bemerke ich an meinem Kind eine völlig neue Natürlichkeit im

Umgang mit seinem Körper: „Huch, was sind denn das für kleine Dinger?" Es ist eine helle Freude zu sehen, wie er seine Füßchen entdeckt und was man mit ihnen alles machen kann.

4. Woche:

Ich bin ruhiger geworden, das spüre ich und ich reagiere gelassener auf vieles. Das mag an meiner neuen Methode liegen, mich zu erden. Das gefällt mir so gut, dass ich mittlerweile einen Großteil des Tages ohne Schuhe verbringe. Zum ersten Mal seit - oha, doch schon so lange? - Jahren fühle ich mich völlig zufrieden mit mir.

Mir fällt auf, dass ich nun tatsächlich mit beiden Füssen im Leben stehe und mich nichts so leicht aus der Bahn werfen kann. Ich bin ruhiger geworden, auch im Training. Was vorher unbewusst wackelig war, ging nun geschmeidiger vonstatten und zum ersten Mal seit langem begann mir der Schwertkampf wieder richtig Spaß zu machen. Und mein Sohn mochte ebenfalls seine viel ausgeglichenere und stressresistentere Mama.

Das Einzige, an das ich mich erst noch gewöhnen muss, ist barfuß Auto fahren!* (* Anmerkung der Redaktion: Barfuß ein Kraftfahrzeug zu fahren ist gem. STVO untersagt sowie mit Bußgeld belegt.) Was in den Schuhen kaum gespürt wird, ist ohne Schuhe gefühlt doppelt schwer. Aber wie gesagt, nur gefühlt, denn tatsächlich betätige ich die gleichen Muskeln, nur dass der Druck der steifen Sohle fehlt. Mein Sohn lief letztens bei schönem Wetter ebenfalls barfuß und ich musste mich von einem Polizisten a. D. zurechtweisen lassen, warum denn mein Kind keine Schuhe trüge. Und das im Sommer!

Sollte Ihnen das auch so gehen, habe ich folgendes Gegenargument für Sie:

§171 StGB lautet:

Wer seine Fürsorge- oder Erziehungspflicht gegenüber einer Person unter sechzehn Jahren gröblich verletzt und dadurch den Schutzbefohlenen in die Gefahr bringt, in seiner körperlichen oder psychischen Entwicklung erheblich geschädigt zu werden, einen kriminellen Lebenswandel zu führen oder der Prostitution nachzugehen, wird mit Freiheitsstrafe bis zu drei Jahren oder mit Geldstrafe bestraft.

Sie schädigen Ihr Kind damit aber nicht, sondern fördern seine Gesundheit. Weiter lassen Sie Ihr Kind ja wohl kaum bei Eiseskälte barfuß laufen. Insofern können Sie also beruhigt sein. Wenn Ihr Kind barfuß laufen möchte und Sie bei sich damit positive Erfahrungen gemacht haben, so lassen Sie es unbedingt gewähren.

Hätten Sie's gewusst? - Barfüßige Promis

Julia Roberts und Eddie Murphy (Schauspieler):

Beide bekennende Barfüßer.

Joss Stone (Sängerin):

Sie absolviert ihre Auftritte immer barfuß.

Patricia Kopatchinskaja (Violinistin):

Aus der Not heraus spielte sie ihren ersten Auftritt barfuß und entdeckte dabei, dass sie ein ganz anderes Körpergefühl besaß, wenn sie ohne Schuhe spielte. Von da an ließ sie sie einfach weg.

Die Schäfer (volkstümliche Musikgruppe):

Treten generell ohne Schuhe auf.

Abebe Bikila (Marathonläufer):

Lief mit 2:15 h den olympischen Rekord in Rom.

Luzia Falkenberg (Altenpflegerin):

Nein, Sie haben sich nicht verlesen, die Dame ist wirklich "nur" eine Altenpflegerin - die seit zwanzig Jahren Sommer wie Winter ohne Schuhe durchs Leben geht. Respekt!

Weitere:

- Sophie B. Hawkins
- Lisa Marie Presley
- Alanis Morissette
- Nena
- Sarah Connor
- Gwen Stefani
- Dorkas Kiefer
- Mo Asumang
- Annabelle Mandeng
- Ozzy Osbourne

Schlusswort

Im Verlauf dieses kleinen, mit viel Liebe geschriebenen Ratgebers bin ich immer mehr selbst zu der Erkenntnis gelangt, dass wir unsere Füße tagtäglich oft völlig falsch behandeln, vernachlässigen und "einsperren". Doch wer sich aus den vermeintlichen Zwängen des Alltags lösen kann, mutig ist und barfuß die Welt erkundet, tut sich und seinen Füßen langfristig etwas sehr Gutes.

Ich für meinen Teil möchte die durch das Barfußgehen neu gewonnene Lebensqualität jedenfalls nicht mehr missen und hoffe, Ihnen einen kleinen Denkanstoß, hilfreiche Übungen und Tipps mit auf den Weg gegeben zu haben.

Ihre Silke Kerst

www.ingramcontent.com/pod-product-compliance
Lightning Source LLC
Chambersburg PA
CBHW040341220526
45473CB00009B/2756